业之峰明星设计师 帮你设计家

主题墙·天花

DESIGN TO HELP YOUR HOME

业之峰装饰 编

辽宁科学技术出版社

·沈阳·

前 言

preface

辽宁科学技术出版社与业之峰装饰合作出版的《业之峰明星设计师帮你设计家》系列图书共 5 本，为方便广大读者进行针对性选择，特按不同的功能区域编辑成册，分别为《客厅》、《客厅·玄关·走廊》、《主题墙·天花》、《卧室·书房·儿童房》、《餐厅·厨卫·其他空间》。

该系列图书精心挑选了业之峰优秀设计师的上千张装修实景图及效果图，这些原创设计不但获得了国内各项设计及家居大奖，更是得到了众多业主的一致好评，在涵盖了各种户型、各个空间、多种风格的同时，更方便读者借鉴参考；同时，本书还将装修时会遇到的普遍性问题编辑成多篇实用文章，配合图片以图文并茂的形式为读者提供装修建议；更令人期待的是，为了带给消费者更多的实惠，为使爱家人士离梦想更近一步，本书特赠送业之峰装修工程抵用券及千元建材代金券。

业之峰装饰成立于 1997 年，正值中国家装行业刚刚起步之时，业之峰的发展也是中国家装行业发展的一个缩影。恰逢业之峰装饰成立 15 周年之际，特与辽宁科学技术出版社合作，共同为消费者、为家装行业奉献一份真诚的答卷，期待与您携手共筑美好家园。

业之峰装饰董事长

contents
目录

P51

P67

主题墙

天花

P08

◆ 为何要做电视背景墙

　　不少业主入住新房一段时间后，会发现杂物越来越多，房间越来越乱，特别是客厅。一项针对客厅的调研显示：约90%的家庭认为自家的客厅很凌乱，各种电线裸露在外，DVD、遥控器、书报、杂志、零食、玩具等随处可见；约80%的家庭非常希望能将客厅的物品分门别类，整理归类；约80%的家庭在电视背景墙区域选择装饰墙与简单电视柜相组合的布置方式，其中约55%的家庭只放置一个简单的电视柜，墙面完全空白，而这也导致了凌乱的电线和各类杂物总是暴露在外，难以打理。

　　传统的客厅布置多从平面的二维角度考虑，新时代家居理念应该更多考虑在墙面的垂直空间上做文章，电视背景墙就是改造的重点。让家从简单的电视地柜向新型的电视组合柜转变，让原来单纯的装饰墙面再加上一些功能性，使电视背景墙不仅仅只是一堵大墙，而应该成为一面集收纳、整理、展示于一体的"多功能墙"，为客厅提供更多的综合解决方案。

Designer | 1：赵晓吉
| 2：毕建彦

电视背景墙除了具备强大收纳整理功能，还能充分发挥个人的创意，为客厅增加个性化元素：可以选择具有环保功能的背景墙产品，维护家庭成员的身体健康；如果你是摄影发烧友，还可以将自己得意的作品挂在背景墙上；如果你的宝宝是个小画家，电视背景墙还能成为他个人作品的展示区。总之只要充分发挥个人的想象力，再花上一点点时间，就能打造出一面独一无二的电视背景墙，为客厅增添更多的生活情趣。

Designer | 1：重庆业之峰
| 2：蔡 亮
| 3：陈根华
| 4：重庆业之峰

电视背景墙的装修原则

电视背景墙可能是家里最贵的一面墙，于是客厅的电视背景墙成了众人目光的焦点。电视背景墙的设计和选材应本着简约、明快、实用的原则，下面来详细介绍一下：

一、要简约不要复杂

电视背景墙做得越复杂，越容易落伍。不如开始做得简单些，再通过自己的后期布置能够常变常新。现在更多业主喜爱轻松简洁的装修风格，模式化的电视背景墙如用板材做一个复杂突出的造型，已逐渐受到冷落。现在更多的人喜爱使用一些容易更新的材质如魔块背景墙或只用色彩来与其他区域进行区分。

二、色彩搭配要明快

客厅作为主要的活动区域，色彩搭配应以暖色为宜，线条简洁流畅，柔和大方，营造一个放松、舒适的休闲环境。电视背景墙的灯光设置，光线要柔和，不宜过于强烈，还要注意光反射问题，防止引起二次光污染，尤其是有老人、孩子的家庭更要注意。

如果背景墙面积较大，无论横向还是纵向，都可以充分利用，大气型的背景墙应该避免单调，可以运用两到三种不同的材料来打造，比如魔块背景墙、大理石等都是做出大气势的合适材料。另外，墙面造型上可以略有层次感，寥寥几笔的勾勒就能让这面墙生动起来。

Designer | 1：陈　宏
2：陈　天
3：谢称生

三、设计实用、环保建康

在一些家装网站上可以看到很多漂亮的背景墙设计效果图,很诱人。在借鉴这些效果图的时候,要充分考虑到这个设计是否容易实现,木工工艺、色彩配比这些方面都要考虑到,切忌画虎不成反类犬。

打造时尚、个性的电视背景墙,除需要注意家庭整体的装修风格、空间大小外,更要注意自己的需求。一定要在设计时将储物空间与电视背景墙的视觉效果结合起来,像DVD、功放、影碟等的位置都要考虑到,使其既要留够位置,又要浑然一体,不显突兀。

对材料的选择要慎重。因为电视背景墙会大量地用到木工、胶、板材等,这些都是有可能产生污染的源头,因此在选材上一定要选择符合环保标准的知名品牌的产品。

Designer | 1:冯振兴
| 2:向 梅

◆ 电视背景墙的风水

一、电视背景墙设置方位的宜忌

电视背景墙不能放置在财位上，住家财位主清静、安定，而电视机则是喧闹嘈杂的。另外，电视背景墙不宜面对着窗户或处于开窗的墙上。

二、电视背景墙色调的宜忌

东向客厅，背景墙宜以黄色做主色；南向客厅背景墙宜以白色做主色；西向客厅背景墙宜以绿色做主色；北向客厅的背景墙宜以红色来主色。此外，东南向主色宜用黄色；西南向主色宜用蓝色；西北向客厅的主色宜用绿色；东北向客厅的主色宜用蓝色。

三、电视背景墙造型的宜忌

电视背景墙造型要避免有尖角、突出的设计。尽量不要对背景墙进行毫无意义的凌乱的分割。宜采用圆形、弧形或平直无棱角的线形为主要造型。

四、电视背景墙挂画与饰物的宜忌

在电视背景墙上挂画一是为了美观，二是为了化解不良风水。在选择时必须谨慎，要选寓意吉祥的图画。

Designer | 1：解艳轶
2：黄飞云
3：沈 浩
4：刘 伟
5：谈离原
6：杨 军

◆ 电视背景墙如何定位

　　电视背景墙在客厅布置中占有举足轻重的地位，设置方位的正确与否至关重要，它与住宅门的开启方位、沙发的摆放和窗户的位置有着密切的关系。

　　沙发是一家大小日常的坐卧所在，是客厅的焦点，须摆放在住宅的吉方。电视背景墙应该放在沙发的正前方。

　　电视背景墙不宜面对窗口或处于开窗的墙面上，因为这样不仅会对人的视力造成伤害，而且存有空荡荡一片散泻之局，象征难以聚财。

Designer | 1：邢治伟
2：齐立贤
3：魏如霞
4：于苏澎
5：许 游
6：王 杰
7：重庆业之峰

◆ 电视背景墙的植物摆放

现代家居时兴在室内放树，尤其是电视背景墙的两侧。从风水上讲，家中摆放一些植物确实能给家里增添生气，有些甚至起到化煞的作用，但并不是所有的植物都适合摆放家中。

杜鹃、玫瑰、仙人掌等有刺或呈针状叶的植物，不适宜摆放在家中。可以选择一些枝叶茂盛的植物，颜色以青绿为主，有花朵的亦可，如紫罗兰、万年青、龙骨、黄金葛等，这些植物可使人活力充沛。需要注意的是，植物要小心照料，如发现有花枝枯萎时，应尽快剪除。

常见的丝带花，塑胶花亦可放于室内，这些摆设并没有生命，对于屋里的风水影响不大。

若要用假山去衬托植物，千万不要买嶙峋状的，此乃煞的一种，放在家中会对主人的健康运势产生影响。

Designer
1：王增顺
2：许吉安
3：于苏澎
4：谢称生
5：成都业之峰

◆ 电视背景墙安装中常见的几个误区

电视背景墙在客厅的装修中非常普遍。在家装设计中，想让电视背景墙成为目光的"焦点"，就要注意避免以下装修误区：

误区一：先装背景墙再放沙发

实际装修中，业主通常的做法是先装电视背景墙，之后再把沙发放在背景墙的正对面。可在实施过程中，却发现由于受到客厅尺寸的限制，想正对着电视的沙发可能会多出来一大截，如果斜放又造成了观影效果不佳。正确的做法是沙发的摆放位置最好在安装电视墙之前确定。这样既不影响客厅的布局又可以带来较好的观影效果。沙发位置确定好后，电视机的位置也就轻松确定了，此时可由电视机的大小确定背景墙的造型。另外，先摆放沙发的一大优势就是可以根据沙发的高低确定壁挂电视的高低，减小了观影时的疲劳感觉。

Designer | 1：田业涛
| 2：余颢凌

误区二：背景墙越大越好

　　一些业主在装修中将放电视的一面墙都做成背景墙，其实并不可取。如果背景墙的面积过大，不仅造成资源浪费，而且会带来压抑的感觉。特别是电视尺寸过小，整体效果就极不协调了。正确的做法是电视背景墙要根据客厅及电视的尺寸来确定，眼睛距离电视机的最佳距离应是电视机尺寸的3.5倍，因此，不要把电视墙做得太厚太大，进而导致客厅显得狭小，影响观影的视觉效果。

Designer 1：张乃馨
2：张晓帆
3：宁波业之峰

误区三：背景墙上加灯光才够炫

　　不少业主会在电视墙上安装灯饰，制造超炫的感觉。虽然漂亮的背景墙在灯光的照耀下会更加吸引眼球，但长时间观看会造成视觉疲劳，久而久之对视力不利。因为电视机本身拥有的背光会起到衬托的作用，再加上播放节目时也会有光亮产生。试想一下，在这种情况下背景墙上再安装照明设备，既浪费资源又伤眼睛。如果你喜欢在看电视的时候有一点亮光，那么可以采用一般装修设计中的方法：吊顶上安装照明灯。吊顶本身除了要与背景墙相呼应外，照明灯的色彩和强度也应该注意，不要使用瓦数过大或色彩太夺目的灯泡，这样在观影时才不会有双眼刺痛或眩晕的感觉。

误区四：布线问题最后谈

　　有装修经验的人都知道，在确定电源插座的位置之前，应该尽可能准确地将所要摆放家具的尺寸提供给水电工。在装电视墙的时候，不少业主都是简单地看一下放电器的地方有插座就很放心地去忙其他事情了，等到装修好摆上电视的时候才发现好些线露在外面，很不美观。如果电视不需要壁挂，最佳的布线时机也是在装修前，需要设计好电视摆放的位置，预先设置好安装孔，在装修之时把线埋入。假如在装修之后才发现布线问题，可以设置几个排插并且尽量放在柜子、沙发或者电视机等大件物品后面，保持居室的整洁。

Designer | 1：杜海方
2：索小东
3：李珍珍
4：色明明

17

电视背景墙的材质选择

一、经济实惠的木质材料

选用木质饰面板用作电视背景墙的优点是：花色品种繁多，价格经济实惠，且不易与居室内其他木质材料发生冲突，可更好地搭配形成统一的装修风格，清洁起来也非常的方便。

二、朴实自然的人造文化石

人造文化石是种新型材料，是用天然石头加工而成，色彩天然，更有隔音、阻燃等特点，适用于高挑、宽阔的空间，非常适合做电视背景墙。

三、现代感强的玻璃、金属

采用玻璃与金属材料做电视背景墙，能给居室带来很强的现代感，既美观大方，又防霉、耐热，易于打理。有些消费者爱用烤漆玻璃做背景墙，对于光线不太好的房间还有增强采光的作用。

Designer | 1：毕建彦
         | 2：韩　强
         | 3：黄　楠

四、多姿多彩的墙纸、壁布

墙纸和壁布以其鲜艳的色彩、繁多的品种深深地吸引了人们的视线。这几年，无论是墙纸还是壁布，工艺都有了很大的进步，不仅更加环保，还有遮盖力强等优点。用它们做电视背景墙，能起到很好的点缀效果，而且施工简单，更换起来也很方便。

五、变幻万千的油漆、艺术喷涂

油漆、艺术喷涂的原理很简单，就是在电视背景墙后，采用不同的颜色形成对比，打破客厅墙面的单调。用油漆、艺术喷涂做电视背景，不但成本低，而且想要的任何颜色都可实现。用油漆、艺术喷涂做电视背景墙要特别注意的是，在色彩的搭配上一定要与客厅风格相协调。

Designer | 1：李文建
2：解艳轶
3：王 浩

六、造型多变的石膏板

这一材料的特点是造型复杂，施工期长，但其千变万化的艺术造型是其他材料无法比拟的。由于它是与墙面做在一起的，一旦选用后很难再改变造型或风格。

七、全新概念的墙艺漆

这是一种全新的墙面装饰涂料，它通过特殊的涂装工艺、专用的模具，在墙面上做出风格各异的纹理、质感、图案，并拥有奇幻的折光影射效果，是集乳胶漆与墙纸优点于一身的高科技产品。

八、灵活搭配的软装饰品

如果看来挑去还是找不到满意的电视背景墙材料，还有一种非常灵活的方案，那就是在电视墙区域设置一些空间，用来摆放一些喜爱的装饰品。这样一来，选择的余地就非常大了，而且随时可以替换，简单却不失品位。但是灯光的处理要得当，用来突出局部照明的灯光不能太亮，否则会影响电视收看的效果。

Designer 1：朱　刚
　　　　　2：王成浩
　　　　　3：杨　军
　　　　　4：吕爱梅
　　　　　5：徐　倩

客厅的财位在哪

　　财位的最佳位置是客厅进门的对角线方位。如果住宅门开左，财位就在右边对角线顶端上；如果住宅门开右，财位则在左边对角线顶端上；如果住宅门开中央，财位就在左右对角线顶端上。一般来说，住宅门宜开在左边。在风水学中，房屋开门有四个方向，即开南门（朱雀门）、开左门（青龙门）、开右门（白虎门）、开北门（玄武门），它们分别以孔雀、蛇龟、青龙、白虎四种灵性动特来象征表示。左方为青龙位，青龙在左宜动，为吉；右方属白虎，白虎在右宜静，为劣位；开北门为玄武门，不吉，有"败北"之意。因此，如果门开左边，财位则在右边对角线的顶端。

Designer　1：赵　涵
　　　　　　　　2：徐　甜
　　　　　　　　3：赵晓吉
　　　　　　　　4：重庆业之峰
　　　　　　　　5：谭雪飞
　　　　　　　　6：成都业之峰

什么是魔块背景墙

魔块背景墙采用进口材料合成轻陶，木质质感，孔式结构，经过预混、模压、高温开孔、手工抛光、着色、光触媒涂布等多道工序制成。魔块表面精雕细琢的浮雕图案，立体造型，栩栩如生。魔块背景墙有如下的优势：

一、任意组合

魔块可根据新家具的添置随意调整组合形式，如一字型、田字型、竖条型。既可单独悬挂，又可多品组合整墙使用。在墙壁上、龙骨架上、支架上均可安装，非常方便，作品方向可任意改变。

二、色彩多变

魔块颜色可随环境需要自行着色，如今年又添了一个绿色的沙发，可将作品刷成绿色给予呼应。而这仅仅需要调一种自已喜欢的水性乳胶漆，在加上10分钟的涂刷而已，整个环境看起来会焕然一新。它可以帮你随时变换房间的整体感觉，享受常新多变的家居环境。

Designer | 1：宁波业之峰
　　　　　 | 2：赵晓吉

三、新颖时尚

魔块背景墙比印刷的画，仿真油画要现代、生动得多，它是货真价实的现代艺术品，浮雕造型，自然的手工着色，放在任何环境都能营造一种纯朴、简洁的现代之风，在家居装饰中起到画龙点睛的作用。

四、降音设计

魔块具有降音设计，在视听间、电视背景墙、客厅、书房、卧室等任何环境下使用均能起到最佳的降音效果。

Designer
1：王珍珍
2：许　游
3：余颢凌
4：于　斌
5：业之峰装饰

◆ 百变床头背景墙

　　床头板及床头背景墙完全可以按着自己的想法去设计，风格独特，且充满韵味。这里介绍10个卧室床头背景墙的新鲜样式，教你打造与众不同的床头景致。

画框装饰床头

　　用艺术画多组并列来做床头背景板的装饰不失为一种简单的办法。你可以挑选一组照片，将它们镶进相框中，为了保持它们的连贯性，相框底衬大小的尺寸要统一，颜色搭配要协调。

风格画墙

　　无论你的卧室是什么风格，床头挂画都可以快速提升视觉效果。装饰画的选择非常灵活：可根据房间的不同风格挑选装饰画，也可根据空间的大小量身定做。考虑到卧室的睡眠氛围，装饰画要优先挑选线条简洁流畅的，颜色也尽量避免过分浓重和鲜艳夸张的，避免造成视觉兴奋。

Designer | 1：重庆业之峰
     | 2：代　春
     | 3：竺李佳
     | 4：王建辉

铁艺屏风

  用一款复古做旧的铁艺屏风，当作卧室的床头摆设，生动的线条为墙面带来新颖的镂空装饰效果。卧室床头后方用铁艺屏风作为装饰，也许在中国不常见，却是西式乡村常用的手法。还可根据自己的喜好摆放些家传老旧物件，如中式木漆屏风等，增加整体空间的氛围。

Designer | 1：冷 伟
      | 2：龚 鹏
      | 3：李文建

浪漫花墙

在卧室空白的墙面贴上铁艺花枝造型，与床品相得益彰，营造出恬静温馨的卧室氛围。这类金属造型的装饰床头，一般都是成品的装饰品，在大型建材城可以买到。选择好喜爱的造型物后，为避免大面积金属削弱房间的整体氛围，可以用温和高雅的颜色对造型物进行表面喷涂，以和床上用品相配套，另外还可添置些边桌、花草等小物件，进一步柔和居室。

软包背景墙

软包的装饰法在欧式风格的卧室运用较多，不仅美观，也很适合睡前阅读当作靠背，舒适度很令人满意。中间软包，周边为框式木制，这是一种比较传统的床头装饰法，只需选择喜爱的布料，就能获得不错的视觉效果。需要注意的是，软包床头多用织物和皮面包裹，应当用蘸有消毒剂的湿布经常擦洗，保持室内卫生。

Designer | 1：田业涛
| 2：冷　伟

木格架照片墙

将两片雪松板制成的格子架，改造成摆满图片的装饰床头，搭配上木质家具和大地色床品，自然清爽的气息扑面而来。这种床头的装饰手法类似于照片墙，每个格框中都可以摆放上喜爱的照片或者装饰图片，通过成组或是穿插摆放的方式，形成独特的照片装饰墙效果。如果你希望随手拿东西方便，也可以在墙上钉储物格架，摆放上零碎物品，将装饰和储物一次搞定。

贴纸装点床头

不需要有绘画功底，免去了自己手绘墙面的麻烦，只需简单的贴纸就可以打造一个花枝妖娆的墙面，改变墙面的风格。床头的背景墙和床头板可选择一致的图案，统一性会使装饰更显协调，贴纸可在建材卖场或网上购买。

挂毯改良新床头

用毯子作床头装饰简单易行，还能让头部与冰冷的床架巧妙分隔。需要注意的是，毯子的花色和风格要与床品的风格相似，和谐一致，才能起到更好的装饰效果。家居卖场会有耐磨的彩条纹挂毯，既可当垫子铺在沙发上，也可铺在地上当脚垫，我们可以开发它的全新用途。挑选一块比床头板稍窄一些的挂毯直接搭在床头上，两边分别用窗帘钩夹将毯子固定在床柱上，一个粗犷中带点温馨感的新床头就诞生了。

Designer | 1：袁立萍
         | 2：张延宇
         | 3：苏州业之峰

布帘围合床头

也许装修时剩下的电镀水管可以派上用场了，一根T型管连接一根长管和两根短管，分别固定在墙面和顶面上，在布帘的一端打上大号的金属扣眼（窗帘加工店可做），然后穿到管子上，床头两侧延伸出的帘子可围合住床头，使居住者更有私密感和安全感。

花布变身美饰

用油画板做衬制作的床头背景墙可以随心所欲选择自己喜欢的图案。买一块油画板框架，先将薄棉絮铺在画板上，想软些可多铺几层，用钉书器将它固定在画板上。随后，选一块比画板略大的花布，将它固定在棉絮内衬上，注意固定处在画板后背，然后将这块画板固定在墙上即可。

Designer | 1：哈尔滨业之峰
| 2：谈离原
| 3：卢　雨

◆ 沙发背景墙的材质选择

手绘沙发背景墙

　　手绘沙发背景墙是近年来居家装饰的潮流。相比于墙纸或者其他装饰材料，手绘沙发背景墙只要很小的投入，就能使你的墙面变得生动，美观大方。专业的手绘沙发背景墙是用环保的绘画材料，根据业主的装饰风格、色彩搭配和主人喜好，在墙面上绘出生动画面，犹如将一幅幅流动的风景定格在墙壁上。手绘沙发背景墙不但具有很好的装饰效果，独有的画面也体现了主人的时尚品位。手绘作品的每一笔、每一种色彩都是有个性的，手绘沙发背景墙为避免出现墙画泛滥、图案重复的问题，一般会在绘画前根据房间的整体风格、色调来选择尺寸、图案、颜色及造型，设计不同的图案，以保证每位业主墙画的独有性。

Designer | 1：哈尔滨业之峰
　　　　　　 | 2：田业涛

墙面搁板

在沙发背后的墙面，可使用搁板作为展示空间，把收集的小玩意儿、家人的照片、植物盆栽、装饰画，甚至自己得意的手工艺品放在上面，极具装饰效果。搁板作为展示功能，造型可以有很多，如不规则的三排搁板、几字形或几排平行的格式等。除了收纳小物件，搁板也可以做成大的收纳区。

搁板的材质有很多，以原木为基材的搁板较常见，另外还有玻璃、树脂、金属、铁艺、陶瓷和石材等材质，不同的材质体现着不同的风格。搁板的材质可依据家居风格而定：比如田园风格，可选择木板配铁艺造型支架，错落摆放营造氛围；现代风格可选择亮面烤漆，支架最好暗藏，显得既有秩序又有现代感。

选择墙面搁板要注意以下几点：首先，搁板要与整体装修风格相协调；其次，搁板对整面墙体的划分应符合所处空间及墙面的整体比例，使之协调自然；第三，要使搁板达到预期的使用功能，例如要承载较重的物品，则要考虑承重大的搁板，如铁艺材质；第四，搁板的安装一般都处于工程尾期，如果搁板自重过大或后期放置物品过重，需要在施工中做预埋件以增加承重能力。如果没有这种特殊情况，搁板也最好安装在承重墙上。

Designer | 1：王　勇
　　　　　 | 2：王　艳

照片墙

　　照片墙一直都是家居装饰中的常见手段，形式各样、用料丰富的各式主题照片墙正成为家居装饰中最能体现个性的地方。生活中，每张照片都有美丽的故事、美好的回忆。家居中的照片墙则帮你展现出这些承载着家庭重要记忆的照片，照片墙是主人的重要秀场，或是展示主人的风采，或是展示主人的足迹，构成了家中最温馨的一个角落。对于装饰风格来说，照片墙更多地迎合了当前复古和简约潮流的盛行。利用墙面的高度挂上几幅横竖的小照片，虽然只是黑框和简单的白色画面，但在照片的搭配组合与留白设计上，却有很好的韵味。

　　需要注意的是，横向照片与竖向照片的搭配、色彩的搭配、单张与组照的搭配，都需要设计者有很强的构图能力。照片一定不能多，否则整个墙面就会很满，让人感觉不够清爽；同时照片也不能大，太大会让人感觉压抑。

Designer ┃ 1：谈离原
　　　　　┃ 2：钟　瑞
　　　　　┃ 3：谈离原
　　　　　┃ 4：孟宪曦
　　　　　┃ 5：张云霄
　　　　　┃ 6：谢称生
　　　　　┃ 7：王成浩

装饰画

　　沙发背景墙的装饰画不需要奢华，也不必刻意雕琢，只需营造一种安静温馨的氛围和纯朴返真的情调，借以展示主人独特的审美情趣，使居室环境更加协调。

1. 根据客厅装修风格进行选择

　　偏欧式风格适合搭配油画作品，纯欧式风格适合西方古典油画，简欧式风格可以选择印象派油画；偏中式风格可选择国画、水彩和水粉画等，图案以传统的写意山水、花鸟鱼虫为主；偏现代风格适合搭配一些印象派、抽象类油画；后现代等前卫时尚的装修风格适合搭配一些表现现代抽象题材的装饰画，也可选用个性十足的装饰画。

Designer | 1：赵晓旭
2：凌兴武

2. 装饰画色彩和尺寸

　　中性色和浅色沙发适合搭配暖色调的装饰画，颜色比较鲜亮的沙发适合搭配中性基调或相近色系的装饰画。色彩基调一致、画面内容接近、装裱样式相同的系列画是客厅内的首选，这样整个客厅既显得富于变化又不至于杂乱无章。装饰画高度一般在50～80cm之间，长度则根据墙面或是主体家具的长度而定，一般来说不宜小于主体家具的2/3。

3. 看墙面选择装饰画

　　如果墙面刷的是墙漆，色调平淡的墙面宜选择油画，而深色或者色调明亮的墙面可选用相片来代替。如果墙面贴壁纸，中式风格壁纸选择国画，欧式风格壁纸选择油画，简欧风格选择无框油画；如果墙体大面积采用了特殊材料，如木质材料宜选用花梨木、樱桃木等木制画框的油画，金属材料可选择有银色金属画框的抽象或者印象派油画。

Designer　1：田业涛
　　　　　　2：敬成端
　　　　　　3：重庆业之峰

墙纸

　　墙纸，是一种应用相当广泛的室内装饰材料，它具有色彩多样、图案丰富、豪华气派、安全环保、施工方便、价格适宜等多种其他室内装饰材料所无法比拟的优点。墙纸的类型有纸质壁纸、胶面壁纸、壁布、金属类墙纸、防火墙纸、天然材质墙纸等。

　　朝阳的房间，可以选用趋中偏冷的色调以缓和房间的温度；背阴的房间，则可以选择暖色系的壁纸以增加房间的明朗感。壁纸的纹样、花色极其丰富，即便同一种风格，也可由壁纸、壁纸腰线、布料、轻纱、绸缎等相互搭配而形成繁多的样式；壁纸不同的纹理、色彩、图案也会形成不同的视觉效果。因此，业主要结合自家房间的层高、居室的采光条件、户型大小及自己的审美选择合适的壁纸。

　　如何挑选墙纸，以下几个方法可以借鉴。看：看一看墙纸的表面是否存在色差、皱褶和气泡，墙纸的花案是否清晰、色彩均匀。摸：看过之后，可以用手摸一摸墙纸，感觉它的质感是否好，纸的薄厚是否一致。闻：如果墙纸有异味，很可能是甲醛、氯乙烯等挥发性物质含量较高。擦：可以裁一块墙纸小样，用湿布擦拭纸面，看看是否有脱色的现象。

Designer	1：岳秀坤
	2：赵有芝
	3：赵　涵
	4：李珍珍
	5：陈　旭
	6：重庆业之峰

◆ 为什么要做吊顶

一、弥补原建筑结构的不足

如果层高过高，会使房间显得空旷，可以通过吊顶来降低高度；如果层高过低，也可通过吊顶进行处理，利用视觉上的误差，使房间"变"高；有些住宅原建筑房顶的横梁、暖气管道露在外面很不美观，可以通过吊顶进行掩盖，使顶面整齐有序不显杂乱。

二、分割空间

吊顶是空间分割的手段之一，通过吊顶可以使原来层高相同的两个相连空间变得高低不一，从而划分出两个不同的区域。如客厅与餐厅通过吊顶分割，既使两部分分工明确，又使下部空间保持连贯、通透，可谓一举两得。

三、丰富室内光源层次，达到良好的照明效果

有些住宅原建筑照明线路单一，照明灯具简陋，无法创造好的光照环境。吊顶可以将许多管线隐藏，还可预留灯具安装部位，能产生点光、线光、面光相互辉映的光照效果，使室内增色不少。

Designer | 1：马　超
| 2：赵　兴
| 3：王红敏

四、隔热保温

顶楼的住宅如无隔温层，夏季时阳光直射房顶，室内如同蒸笼一般，可以通过吊顶加一个隔温层，起到隔热降温的作用；冬天，吊顶又成了一个保温层，使室内的热量不易通过屋顶流失。

五、增强装饰效果

吊顶可以丰富顶面造型，增强视觉感染力，使顶面富有个性，体现独特的装饰风格。

Designer ┃ 1：田业涛
┃ 2：王　辉
┃ 3：张延宇
┃ 4：尤　涛
┃ 5：张玉涛

◆ 常见的吊顶设计

常见的吊顶方法一般有平板吊顶、异型吊顶、局部吊顶、格栅式吊顶、藻井式吊顶等五大类型。

一、平板吊顶

平板吊顶一般运用在卫生间、厨房、阳台和玄关等空间。使用的材料包括PVC板、铝扣板、石膏板、矿棉吸音板、玻璃纤维板、玻璃等，照明灯卧于顶部平面之内或吸于顶上，简洁大方。

二、异型吊顶

异型吊顶是局部吊顶的一种，主要适用于卧室、书房等房间。在楼层较低的房间也可以采用异型吊顶。异型吊顶的方法是用平板吊顶的形式，把顶部的管线遮挡在吊顶内，顶面可嵌入筒灯或内藏日光灯，使装修后的顶面形成层次，避免产生压抑感。异型吊顶采用的云型波浪线或不规则弧线，一般以整体顶面面积的三分之一为宜，超过或小于这个比例，难以达到好的效果。

Designer	1：雷 鹏
	2：谭雪飞
	3：杨晓辉
	4：王 鹏
	5：王 勇
	6：西安业之峰

三、局部吊顶

局部吊顶是为了遮挡居室顶部的水、暖、气管道，而且房间的高度又不允许进行全部吊顶的情况下，采用的一种局部吊顶的方式。这种吊顶最好的方式是，水、电、气管道靠近边墙附近，装修出来的效果与异型吊顶相似。

四、格栅式吊顶

格栅式吊顶先用木材作框架，镶嵌上透光或磨砂玻璃，光源在玻璃上面。这种吊顶造型要比平板吊顶生动和活泼，装饰的效果比较好。一般适用于居室的餐厅、门厅。它的优点是光线柔和，营造轻松和自然的居家氛围。

五、藻井式吊顶

做这类吊顶的前提是房间必须有一定的高度（高于2.85m），且房间较大。它的式样是在房间的四周进行局部吊顶，可设计成一层或两层，装修后的效果有增加空间高度的感觉，还可以改变室内的灯光照明效果。

Designer | 1：余颢凌
| 2：王　鹏
| 3：卓　擎
| 4：陈根华
| 5：成都业之峰

吊顶的材质对比

一、金属制品天花吊顶

铝扣板是金属吊顶中最常见的一种，主要用于厨房和卫生间的吊顶工程。铝扣板的整个工程使用全金属打造，在使用寿命和环保能力上，更优越于PVC材料和塑钢材料。铝扣板板型多，线条流畅，颜色丰富，外观效果良好，更具有防火、防潮、易安装、易清洗等特点。

二、石膏板天花吊顶

石膏板是以熟石膏为主要原料掺入添加剂与纤维制成，具有质轻、绝热、吸音、不燃和可锯性等性能。石膏板与轻钢龙骨（由镀锌薄钢压制而成）相结合，便构成轻钢龙骨石膏板。轻钢龙骨石膏板天花具有多种种类，包括有纸面石膏板、装饰石膏板、纤维石膏板、空心石膏板条，市面上有多种规格。

三、PVC吊顶

PVC是聚氯乙烯材料的简称，属于塑料装饰材料的一种。PVC材料的主要优点是：材质比较轻、防水防潮，还有阻燃隔热的特点。PVC的缺点就是：耐高温性不好，在较热的环境中工作容易变形；物理性能不够稳定，时间长了也会变形。前几年在市场十分流行，但现在由于环保问题，已经慢慢淡出市场。

Designer | 1：孟宪曦
2：贺覃
3：王鹏

四、塑钢板天花吊顶

塑钢板是一种硬度较高、但基材是塑料做成的吊顶材料，具有价格优势。它是由第二代吊顶材料PVC改进而成的，也称UPVC，基本克服了PVC易老化、易褪色、不阻燃的毛病。在强度和韧性方面都有优势，且安装、拆卸都比较容易，性价比较高。

五、玻璃天花吊顶

做玻璃吊顶必须有可靠的结构措施，而且必须与龙骨系统可靠连接。玻璃吊顶多用于过道吊顶。卫生间上的吊顶可用烤漆玻璃，不掉色，而且起到反射镜作用，增强了装饰效果。玻璃的抗弯性差，容易碎，切忌在吊顶上大面积使用玻璃，即使使用也要用金属、木条或者石膏把玻璃吊顶隔成方格。

Designer | 1：陈　伟
         | 2：李栋梁
         | 3：李新欢

吊顶的风水讲究

吊顶是为了遮挡某些不利的地方，或者增加美观。其实吊顶的功能不止这些，吊顶与整体装修风格交相辉映，还有利于家居风水的改变，因此吊顶的装饰需要格外讲究。

一、忌讳使用口字型

口字形吊顶中间再加上人就变成了一个"囚"字，寓意不吉。

二、禁忌鱼骨煞吊顶

通常意义上鱼骨被认为贫穷困苦之意，无鱼肉可食；另外骨头本身就是煞，所以要慎重使用。

三、天花板颜色宜轻不宜重

客厅的天花板象征天，地板象征地。天花板的颜色宜浅，地板的颜色宜深，以符合"天轻地重"之意，这样在视觉上才不会有头重脚轻或压顶之感。

Designer | 1：重庆业之峰
| 2：贾 玺
| 3：苏州业之峰

四、吊顶宜有天池

假天花为迁就屋顶的横梁而压得太低，无论在风水方面还是设计方面均不宜。对于这种情况，可采用四边低而中间高的天花造型，这样一来，不但视觉上较为舒服，而且天花板中间的凹位形成聚水的"天池"，对住宅大有裨益。若在聚水的"天池"中央悬挂一盏金碧辉煌的水晶灯，则会有画龙点睛之效。但切勿在天花板上装镜。

五、客厅宜装置圆形日光吊灯

室内一定要给人明亮的感觉，所以客厅的灯光要充足。客厅天花板的灯具选择很重要，最好用圆形的吊灯或吸顶灯，因为圆形有处事圆满的寓意。有些缺乏阳光照射的客厅，室内昏暗不明，久处其中情绪容易低落，这种情况最好是在天花板的四边木槽中暗藏日光灯来加以补光，这样光线从天花板折射出来，柔和而不刺眼；而日光灯所发出的光线最接近太阳光，对于缺乏天然光的客厅最为适宜。

Designer | 1：合肥业之峰
| 2：成都业之峰
| 3：鲁 巍
| 4：胡提刚

设计天花的注意事项

第一，室内装修吊顶工程大多采用的是悬挂式，首先要注重材料的选择，再者就要严格按照施工规范操作，安装必须位置正确，连接牢固，用于吊顶、墙面、地面的装饰材料应是不燃或低燃的材料。吊顶里面一般都要铺设照明、空调等电气管线，应严格按规范作业，以避免产生隐患。

第二，暗架吊顶要设检修孔。在家庭装饰中吊顶一般不设置检修孔，会影响美观，但一旦吊顶内管线设备出了故障，就无法确定是什么部位、什么原因，更无法修复。因此对于铺设管线的吊顶还是设置检修孔为好，可选择在比较隐蔽易检查的部位，对检修孔进行艺术处理，譬如在与灯具或装饰物相结合的位置进行设置。

第三，厨房、卫生间吊顶宜采用金属、塑料等材质。卫生间是沐浴洗漱的地方，厨房要烧饭炒菜，尽管安装了抽油烟机和排风扇，仍无法把蒸气全部排掉，使用易吸潮的饰面板或涂料会出现变形或脱皮。为避免这种情况的出现，要选用不吸潮的材料，如金属或塑料扣板，如采用其他材料吊顶应采用防潮措施。

第四，玻璃或灯箱吊顶要使用安全玻璃。用色彩丰富的彩色玻璃、磨砂玻璃做吊顶很有特色，在家居装饰中应用也越来越多，但是如果用料不妥，就容易发生安全事故。为了使用安全，在吊顶和其他易被撞击的部位应使用安全玻璃。目前，我国规定钢化玻璃和夹胶玻璃为安全玻璃。

Designer | 1：姜文明
2：厦门分公司
3：李文建
4：陈伟勤
5：秦 俊
6：史 亮

◆ 厨卫吊顶如何设计

　　提到厨房卫生间的装修，就不能不提到吊顶施工，由于厨房的油烟和卫生间的湿气以及异味的影响，吊顶施工也一直是家装施工中的难点和重点。同客厅、卧室里主要承担装饰效果的吊顶不同，厨卫空间的吊顶一般都以功能性为重。除了在装修过程中选择合适的材料、正确的施工工艺外，在验收时也要注意细节，这样才能为日后减少麻烦。厨房内正确的安装顺序为，先把油烟机的软管与烟道固定好，另一端选择好抽油烟机需要安装的位置，然后再吊顶，最好不要将大型灯具直接安装在吊顶上。

　　在厨卫空间中，最经常使用的吊顶材料是PVC板、铝扣板及集成吊顶，在选购时应注意哪些事项呢？

PVC板选购

　　PVC板是经济型厨房装修多用的吊顶材料，能防水、防潮、防蛀，由于制作过程中加入了阻燃材料，使用更安全。PVC板的截面是蜂巢状网眼结构，两边有加工成型的企口和榫头。在挑选这类材料时需注意表面应无裂纹和划痕，企口和榫头完整平直，互相咬合顺畅，局部没有起伏现象。

Designer | 1：秦　峻
2：宁波业之峰
3：郝　薇
4：唐　美
5：冷　伟

铝扣板选购

铝扣板不仅能防火防潮，还能防腐抗静电、吸音隔音，可算是目前最常见的吊顶材料。铝扣板表面有冲孔和平面两种，冲孔的最大作用是通气和吸音，板内铺有一层薄膜软垫，潮气可透过冲孔被薄膜吸收，适合卫生间这样潮湿的地方使用。检验铝扣板的质量主要看其表面网眼的大小是否均匀，排列是否整齐，表面喷塑后光泽度是否好，厚度是否均匀等。

集成吊顶选购

集成吊顶打破了传统吊顶的一成不变，将原有产品做到了模块化、组件化，可以自由选择吊顶材料、换气照明及取暖模块，可以一次性解决吊顶的问题。在选购时首先要看外观，看产品模块是否平整，表面处理是否干净光滑。其次是看内部工艺，特别是功能模块内在电器连接是否整齐，做工是否精良，各项零配件是否有品牌提供等等。集成吊顶的优点在于它将传统吊顶拆分成若干个功能模块，再通过消费者自由选择组合成一个新的体系并能自由移动，外表美观时尚，功能齐全。

Designer | 1：秦 峻
2：赵晓吉
3：田业涛
4：王成浩
5：厦门业之峰
6：唐 美
7：徐子义
8：田业涛

◆ 怎样选购石膏吊顶

　　随着人们对室内装饰要求的提高和环保意识的增强，石膏装饰材料以其合理的价格、较好的装饰效果和独特的防水、防潮、防蛀、保暖、隔音、隔热等功能备受人们的喜爱。鉴于市场上石膏装饰材料质量参差不齐，在选购石膏装饰材料时，一定要做到"五看"。

一、看图案立体感

　　一般宽度10cm的石膏线，图案花纹的凹凸应在10mm以上；宽度在10cm以下的石膏线，图案花纹的凹凸应在6mm以上，且做工精细，花纹根部呈锐角。

二、看表面光洁度

　　由于石膏浮雕装饰制品的图案花纹在安装刷漆时不能再做磨砂等处理，因此对表面光洁度的要求很高，只有表面细腻、手感光滑的石膏浮雕装饰制品刷漆后，才会有好的装饰效果，反之就会给人以粗制滥造之感。

三、看产品厚薄

　　石膏系气密性胶凝材料，石膏浮雕装饰制品必须具有相应的厚度，使分子间亲合力达到最佳，从而保证一定的使用年限并在使用期内保持完整，质量好的石膏线平均厚度应在8mm以上。如果石膏浮雕装饰制品过薄，不仅使用年限短，安全性能差，在运输及安装过程中的破损率也会较大。目前市场上的部分石膏产品，因厂家片面追求利润，采取将石膏线边缘做厚而中间做薄的手段，蒙骗消费者。石膏线有两种鉴别方法：一是重量鉴别，一根宽10cm、长2.44m的石膏线标准重量约是2.3kg，不同长度的石膏线可按此比例来推算；二是看锯断的石膏线截面的厚度是否达到8mm。

Designer   1：冷　伟
      2：敬　燕
      3：罗成浩

四、看是否有商标和国家《建筑装饰材料放射性核素限量》标准的检验报告

目前石膏制品检验的标准有GB6566—2001《建筑装饰材料放射性核素限量》、GB8624—1997、GB/T5464—1999《消防防火国家A级不燃性要求》GB9776—88、GB9777—88《各项性能技术指标》。

五、看生产厂家

尽可能选用知名度高、规模大、信誉好、符合国家标准生产厂家生产的产品，以免造成装修污染，对人体健康造成危害。

Designer | 1：秦　峻
2：宁波业之峰
3：田　琦
4：罗　岩

如何选购铝扣板

消费者选购铝扣板吊顶时，要从铝、膜、背覆这三个方面来检验。首先是检查铝的材质，由于一般消费者很难看出铝的材质，建议消费者自己看扣板的硬度，然后检查漆面是否平整，有无毛刺和色差；其次看膜，消费者可以拉扣板的边，如果出现起膜的现象，则说明膜与扣板黏合不紧密；再次看背覆（扣板背面），背覆一般都要做防腐处理，用手去抠，如果背覆能抠掉则说明材质不好。正规的厂商都会在背覆上喷绘厂商标识和生产日期，通过有无这些标识，消费者也可以甄别产品的好坏。如果都有，说明是正规厂家的机器化生产，有别于小作坊，品质相对有保障。

铝扣板的好坏不全在薄厚，关键在铝材的质地。一般工程用铝扣板厚度为0.8mm，这是因为有的工程用的扣板很长，为了防止变形，所以要厚一点，硬度大一些；相反，家装用铝扣板，很少有4m以上的，而且铝扣吊顶上没有什么重物，所以家装铝扣板0.6mm的就足够了。

另外鉴别铝扣板，要注意表面的光洁度，观察板子薄厚是否均匀，用手捏一下板子，感觉一下，弹性和韧性是否好。

特别提示：市场上有一些劣质基材，采用垃圾铝、回收铝或土杂铝等材质，产品易变形、易氧化，有的甚至是含铬、铅、汞等有害物质的回收废铝，这种铝扣板基材价格低、硬度大、有一定的厚度，非常具有欺骗性。

Designer | 1：宁波业之峰
| 2：黄吉力
| 3：刘西蓉
| 4：吕金库
| 5：姜新普

如何挑选轻钢龙骨

轻钢龙骨是装饰中最常用的顶棚和隔墙的骨架材料，是用镀锌钢板和薄钢板经剪裁、冷弯、滚轧冲压而成，是木龙骨的换代产品。轻钢龙骨具有自重轻、防火性能优良、施工效率高、安全可靠、抗冲击和抗震性能好的特点，可提高防热、隔音效果及室内利用率。

挑选轻钢龙骨，应注意以下几点：

1. 要根据工艺和装饰要求，决定选用C型、U型或者T型龙骨。

2. 看轻钢龙骨的壁厚、规格型号是否合乎要求，特别是钢板材料的镀锌层质量是否合格，这将决定施工后骨架部分是否因为会锈蚀而产生变形，因受力不均而出现顶面或墙面裂缝等质量问题。

3. 要挑选名牌产品。现在市场上轻钢龙骨品牌特别多，加上规格型号不同以及吊杆、按插件、连接件等配件繁多，非专业人士很难从外观确定轻钢龙骨的质量，所以在挑选轻钢龙骨时最好请专业人员帮助鉴别，尽量选用名牌产品。

Designer | 1：张　鹏
2：吴　珊
3：余颢凌
4：田业涛
5：赵　越

如何选购吸顶灯

消费者会发现在选灯时有的吸顶灯很亮，而有的很暗；有的光色发白，有的发紫或蓝，这是由于光源的光效和色温不同造成的。有的小厂家生产的光源光效很低，但是为了看起来更亮，就把色温做高，这样看起来更亮一点。实际上这不是真的亮，只是人眼的错觉而已，这样对眼睛伤害比较大，长期在这种环境下视力会越来越差。

色温高的灯光看起来发蓝或者发紫。这里教大家一个方法，就是不用别的光源，只点着一盏灯，然后站在灯下面看书（如果选台灯或者节能灯就离光源1m的距离看书），如果看起来字迹清晰、明亮，就说明这个光源比较好，光效高；如果看不清、模糊、不光亮，就说明它不是真的光效高，只是眼睛的错觉而已。判断一个光源的色温是否做太高更简单，把手心伸到光源旁边，看手心的颜色，如果红润，就说明色温刚好，显色性也好，如果手心发蓝或者发紫，就说明色温太高了。

看镇流器。所有的荧光光源都要有镇流器才能点亮，镇流器能为光源带来瞬间的启动电压和工作时的稳定电压。镇流器的好坏，直接决定了这个灯具的寿命和光效。通常比较正规的厂家生产的镇流器的质量也较好。

看面罩。最常见的有亚克力面罩、塑料面罩和玻璃面罩。最好的是经过两次拉伸的进口亚克力面罩，特点是柔软，轻便，透光性好，不易被染色，不会与光和热发生化学反应而变黄。一般来说塑料面罩的透光性最多达到60%，而亚克力可以达到90%以上，并且通过二次拉伸的亚克力面罩透光还很均匀，从表面是不能看见光源的。

Designer | 1：田业涛
2：赵晓旭
3：甄 滢
4：钟江春
5：杨 军
6：王成浩
7：王成浩
8：王 鹏

如何挑选水晶灯饰

在灯饰卖场，水晶灯受到广大消费者的追捧。挑选水晶灯时必须注意以下几点：

第一是水晶的切割手法关系着水晶立面对光源的折射。做工精细的水晶，棱角分明，切割面光滑。如果切割面有一定厚度，切割线一定要笔直、均匀，不产生突兀、毛躁感；劣质水晶表面发乌、不反光，而好的水晶在光源下无论从任何角度观察，都能绽放美丽的光彩。

第二是有的消费者抱怨水晶灯"中看不中用"，灯泡要经常更换，其实这与水晶灯使用的光源和变压器有关。如果水晶灯在销售时配送光源，最好问清商家配送的光源质量，好的光源，灯泡的使用时间也会很长。此外还要留意灯具所配备的变压器，有的水晶灯属于低压灯，灯体自带变压器，其性能稳定与否直接决定灯具的使用时间。

第三是造型华丽的水晶灯大多重量较大，悬挂部分需要格外注意。对于重量较大的吊灯不建议使用细钢丝线悬挂，其依靠钢丝线顶部汞珠之间的摩擦力固定，虽然钢丝线每根能够承受50kg左右的重量，但重物长时间吊挂容易出现老化现象。建议重型吊灯使用粗铰链衔接，不仅安全系数高，而且日后维修也相对方便。

第四是不同品牌的水晶灯，质量和价格会相差很大。有的品牌为保证其品质，以防被鱼目混珠，会在每一个水晶饰面上刻有品牌标识，在购买时可仔细辨认。另外，有些不法厂商还很会做表面功夫，一些仿制的水晶灯外观几乎能与某些名牌灯饰相媲美。消费者要擦亮眼睛，因为极可能是"金玉其外，败絮其中"，比如在较大的水晶灯外围或显眼之处安装优质灯珠，而在灯饰内层或隐蔽之处则以次充好。

Designer
1：杨小林
2：于 斌
3：郑志强
4：杨小林
5：余颢凌
6：成都业之峰

第五是水晶灯的垂饰规格是否统一关系重大。水晶灯之所以能绽放出耀眼夺目的光芒，显现出华丽尊贵的气质，无不倚仗一身通体晶莹的串串垂饰。若层层叠叠的垂饰大小体形不一，势必影响水晶灯整体美感。有些仿制水晶吊灯垂饰的孔若不标准，或存在利边、磨损、大小不一等情况，不仅影响外观，还极易崩裂。

第六是目前市场上水晶灯具的款式多以镀金金属支架或PVC支架搭配水晶坠饰。PVC材质的支架虽然会使水晶灯显得更璀璨耀眼，但有可能强度不够或者容易破损，相比较而言镀金金属支架的强度足以承载。镀金金属支架的水晶灯，不仅可以保证水晶灯的整体耀眼光泽，经过一段时间的使用后仍然可以保持不变色、不褪色。

选择集成吊顶的理由

集成吊顶是将吊顶模块与电器模块制作成标准规格的可组合式的取暖模块、照明模块、换气模块，目前已成为卫生间、厨房吊顶的主流。它具有以下优点：

一、自助化

集成吊顶的各项功能组件是独立的，可根据厨房、卫生间的尺寸、瓷砖的颜色、自己的喜好选择需要的吊顶面板，另外取暖组件、换气组件、照明组件都有多重选择，自由搭配。

二、集成化

独特的设计，将传统照明、取暖、换气、吊顶通过各种功能模块完美组合在一起，一并解决传统厨卫吊顶的繁杂问题，为业主提供一站式吊顶解决方案。

Designer | 1：陈建青
2：贵阳业之峰
3：吴　磊
4：师秀婷
5：成都业之峰
6：赵　涵

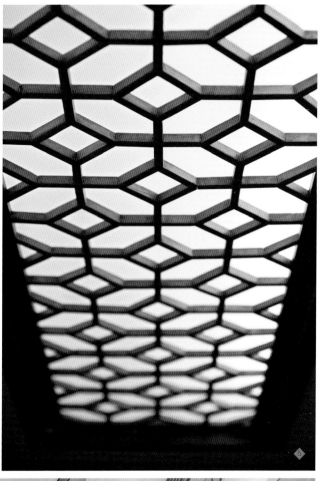

三、模块化

　　将现代卫浴取暖、照明、换气、吊顶四大功能拆分为四大模块，再由专业人员对四大模块进行单独开发，简化结构、优化性能，将厨卫吊顶变成模块与整体的完美结合，更显人性化。

四、整体美化

　　多个模块自由组合，可搭配出不同的吊顶效果，改变传统浴霸、吊顶、照明不协调的现象，使空间更美观、更协调。

吊顶如何验收

1. 吊顶工程所用材料的品种、规格、颜色以及基层构造、固定方法应按设计、住户要求，并符合现行标准。

2. 吊顶龙骨不得扭曲、变形，吊顶木结构应进行防火处理，安装好的吊顶龙骨牢固可靠，四周平顺，偏差为±5mm。

3. 轻型灯具可吊在主龙骨上，重量大于3kg的灯具或吊扇不得与吊顶龙骨连接，应另设吊钩。

4. 吊顶罩面板与龙骨应连接紧密，表面应平整，不得有污染、折裂、缺棱、掉角、锤伤、钉眼等缺陷，接缝应均匀一致，压条顺直、无翘曲，罩面板与墙面、窗帘盒、灯具的交接处应严密。

5. 纸面石膏罩面板一般用镀锌螺钉固定在龙骨上，钉头应涂防锈漆。粘贴的罩面板不得有脱层，搁置的罩面板不得有漏、透、翘现象。

Designer | 1：余颢凌
2：成都业之峰
3：成都业之峰
4：谢称生
5：庄 雯

鸣 谢
THANKS

业之峰明星设计师

杨旭
公司：业之峰装饰北京分公司
设计理念：家是温馨的港湾，生活的航母，无论做什么样的风格都要体现"以人为本，实用为先"
主要作品：北京海别墅、香唐别墅、碧水庄园别墅、关山岳别墅、万科四季花园、金汉绿港、东方太阳城等

杨圆圆
公司：业之峰装饰宁波分公司
设计理念：装饰的灵魂是设计，设计的灵魂是文化
主要作品：姚江怡景、绿城桂花园、东兴苑、集闲轩、金色水岸、富丽湾等

姚强
公司：业之峰装饰合肥分公司
设计理念：用色彩体会生活
主要作品：大连山体、一品星海、唯美品格、森林名家、帝沿湾、合肥望湖城、西子银马公寓、恒大华府

叶飞
公司：业之峰装饰北京分
设计理念：设计来源于生活
主要作品：国际花园别园别墅、翡翠明珠、万科梦境别墅、双山清琴别墅、赢

于斌
公司：业之峰装饰北京分公司
设计理念：尊重生活、品味生活，用简单的材料创造多元化空间
主要作品：中海国际、美式乡村、府河音乐花园、杜甫花园独栋别墅、锦官新城联体别墅、龙湾半岛联体别墅

于明军
公司：业之峰装饰成都分公司
设计理念：整体决定风格、细节体现品质
主要作品：原乡别墅、芙蓉古城别墅、香洲半岛别墅、牧马山逸源香舍别墅、华润翡翠城别墅、万科双水岸别墅、中海国际央墅别墅等

于苏澎
公司：业之峰装饰沈阳分公司
设计理念：超越不可超越
主要作品：伊利雅特湾、万科四季花城、沈阳碧桂园全系、金地长青湾、亚太国际别墅庄园、桑提雅纳、花溪山庄、香格蔚蓝、世茂五里河

余灏凌
公司：业之峰装饰成都
设计理念：用心设计，
城、中海名城、中海、金城蓝湾、春天花园、墅、舜苑别墅、金水湾

袁健宏
公司：业之峰装饰贵阳分公司
设计理念：崇尚经典、人性化设计
主要作品：保利温泉、山水黔城、世纪城、景怡苑、托斯卡纳联排别墅等

袁来
公司：业之峰装饰合肥分公司
设计心语：简单的空间体现细腻的生活
主要作品：怀柔区渡水山庄别墅、唐山长城酒店、昌平区太阳城等

（设计理念：用心不一定能做好厨子，但好厨子肯定是细心的）

杨卓
公司：业之峰装饰石家庄分公司
设计理念：用心灵去感悟生活，以简洁流畅的线条去勾勒空间，强调自然与美的和谐，旨在打造舒适的生活空间
主要作品：天山水榭花都、纳帕溪谷别墅群、江南新城、金正帝蔓城、阿尔卡迪亚、路知星邸、天山新公爵等

臧佳
公司：业之峰装饰北京分
设计理念：设计为人的首要任务、强调形式
主要作品：西山美墅、翡翠城城、天山华府魅力、钓鱼台家园、卡尔朱庄、新花园别墅、世纪城、

张蓓蓓
公司：业之峰装饰青岛分公司
设计理念：师法自然，创意为本，一切设计为客户的投资负责
主要作品：凌岔金岸、中海银海一号、锦绣坤城、香溪园别墅、金都碧海山庄别墅、石湾别墅、颐和星苑别墅

张东旭
公司：业之峰装饰兰州分公司
设计理念：追求艺术与技术的完美结合
主要作品：黄河家园、安宁庭院、鸿运润园、基业豪庭、百合家园、盛世凯旋宫、万盛名仕、海天新都

张虎
公司：业之峰装饰重庆分公司
设计理念：设计来源于生活，高于生活
主要作品：新亚徐汇公寓、外滩海琪园样板间、上海盛世华华心公寓、上海紫同别墅、重庆锦绣山庄别墅重新改建、海兰云天天别墅重新改建、枫林秀水别墅、博士园别墅等

张亮
公司：业之峰装饰西安分
设计理念：点与面，形最初，也是藤线
主要作品：哈佛公馆、白桦林璟居、沁水别墅

张鹏
公司：业之峰装饰石家庄分公司
设计理念：设计就是顺其自然
主要作品：国际城、纳帕溪谷别墅、辛集尚都别墅、金正绿景城、江南新城

张奇峰
公司：业之峰装饰宁波分公司
设计理念：以人为本，追求包含天、地、墙、家具及陈设品在内的整体环境风格营造与质感
主要作品：南苑国际、外滩花园、天水家园、格兰云天、锦地水岸、紫江花园、慈溪别墅

张权
公司：业之峰装饰北京分公司
设计理念：达华庄园别墅、天鹅堡别墅、尚江别墅、亚信花园、东方太阳城、水墨庭院、龙湾别墅

张迅
公司：业之峰装饰贵阳
设计理念：空间decide定一主要作品：保利温泉别照别墅、山水黔城半岛下别墅

张延宇
公司：业之峰装饰北京分公司
设计理念：不追求浮华，而将内在质重视为第一生命，可谓"简于形，精于心"
主要作品：万科城、万科金城蓝湾、碧桂园、金地国际、奥林匹克花园、桑提亚纳花园等

张砚振
公司：业之峰装饰天津分公司
设计理念：用心去打造适合您的家
主要作品：仁豪豪襄庄园、半岛蓝湾、汐岸国际、万科水晶城、城市别墅

张祎宁
公司：业之峰装饰西安分公司
设计理念：海澄时代、枫林意树、曲江华府、晶城秀府、西港雅苑、融侨城等

诸葛鑫
公司：业之峰装饰石家
设计理念：设计源于引导、改变生活

张云霄
公司：业之峰装饰西安分公司
设计理念：设计品位决定设计品质，把握整体，关注细节
主要作品：曲江六号、曲江御府、曲江观邸、曲江兰亭、金泰假日华城、中海熙岸、中海东郡、中海铂宫、中海观邸、九锦台、沁水新城等

赵国会
公司：业之峰装饰石家庄分公司
设计理念：适合你的就是最好的，设计不仅仅是一个电视墙，一个造型，而是一种生活方式
主要作品：纳帕溪谷、天籁山水清音、江南新城、金正绿景城、名门华都、春江花月等

赵海斌
公司：业之峰装饰重庆分公司
设计理念：品味生活艺术，营造艺术生活
主要作品：悠山郡、江湾城、恒大华府、橡树澜湾、瑶琳水岸、依云郡

邹建成
公司：业之峰装饰济南
设计理念：设计源于生变生活，设计让生活更
主要作品：

赵晓吉
公司：业之峰装饰成都分公司
设计理念：感悟生活，享受生活
主要作品：金林半岛、董山国际、三利宅院、香榭丽都、蓝山溪谷、雍景湾、敛城、中海国际社区、龙湾半岛、林蓝叠院、翠屏湾、优品道、高地、海珀香庭、晶蓝半岛等

赵兴
公司：业之峰装饰沈阳分公司
设计理念：将外表艺术性与内里的技术性合二为一，达到美观和实用共存
主要作品：华润凯旋门、金地长青湾、世茂五里河、深航翡翠城、中海国际、中海城、远洋和平府等

赵艳珍
公司：业之峰装饰青岛分公司
设计理念：以人为本，有限的空间，无限的设计
主要作品：即墨别墅、即墨和平家园、金领世家、银海一号

赵艺
公司：业之峰装饰大连

赵有芝
公司：业之峰装饰成都分公司
设计理念：设计源于你我，你我缘于设计
主要作品：仁和春天大道、蜀郡、万科城力之源、中海锦林威治、锦官新城、锦官秀城、上东郡水领城、优品道、卓锦城、兰桥尚舍、蓝水湾等

杨华
公司：业之峰装饰北京分公司

王建辉
公司：业之峰装饰石家庄分公司
设计理念：创意是设计的灵魂。兼顾生活习惯、家居空间能大化。以人为本、充分利用空间。层次鲜明，设计整体化。精心打造每一个生活空间
主要作品：金正帝蔓城、心海假日、公园首府、卓达玫瑰园等

郑振华
公司：业之峰装饰宁波
主要作品：清水湾、江湾别墅、外滩花园、老村

郑志强
公司：业之峰装饰太原分公司
设计理念：为业主创造完善的生活空间，演绎自我的居家品位
主要作品：汇锦花园、阳光橙座、山大小区、丽苑别苑、锦绣英、原上园、多地尔、万达

钟江春
公司：业之峰装饰重庆分公司
设计理念：创造多元化的创意样式以满足人们个性化的生活需求
主要作品：绿地83-1、绿地104-3、龙湖源城1-7-1-1、蓝湖郡3-14、江与城3-1-5-1、龙湖弗莱明戈、财富中心等

钟瑞
公司：业之峰装饰沈阳分公司
设计理念：设计就是生活
主要作品：万科城、保利橡树湾、金地檀郡等

仲欣
公司：业之峰装饰苏州
设计理念：设计应以人为根本，以宝客视觉主要作品：北华塔养寒舍别墅、紫竹花园别墅、中海御湖西岸别墅、石湖华城别墅等

周军
公司：业之峰装饰成都分公司
设计理念：以"动"、"静"结合，风度品格，以人为本，玩转空间

邹凡
公司：业之峰装饰南昌分公司

诸葛漫丽
公司：业之峰装饰合肥
设计理念：善于体验生活，用心品味生活
主要作品：绿城、桂花园、书香门第、曙光新村、公园道1号、东华园、中央印象、春天印象、滨湖假日、濉溪镇、凤凰城燕园等

竺李佳
公司：业之峰装饰宁波
设计理念：完美的匹配，就像杯上好的JOHNNIE但有华美的外表，更道，并享受其中
主要作品：紫江花园邸别墅、紫竹花园、格兰云天别墅等

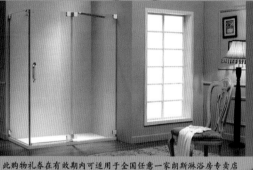
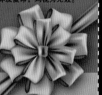

代金券使用说明

代金券使用细则

用设计同步你的思想！

保障生命 安全100

朗斯每一件产品都进行了全面升级，在原有钢化玻璃的基础上加装了防爆膜，以有效保障在自爆或人为损坏状况下，**对人身安全无任何伤害！**

塑造美学文化　构建书香身份
全球免费热线：800-820-2189

使用说明

书香门地（上海）新材料科技有限公司
地址：上海市闵行区春申路2329号A区

http://www.scholar-home.com

代金券使用细则

地址：广东省肇庆四会市下茆镇龙湾陶瓷工业城　电话：0757-28108311
http://www.arrowceramic.com

代金券使用细则

代金券使用细则